Karin Sieber

Würfeln mit 2 Würfeln. Ist jede Augensumme gleich wahrscheinlich? (Klasse 2)

GRIN Verlag

Bibliografische Information der Deutschen Nationalbibliothek:

Die Deutsche Bibliothek verzeichnet diese Publikation in der Deutschen National-
bibliografie; detaillierte bibliografische Daten sind im Internet über http://dnb.d-
nb.de/ abrufbar.

Impressum:

Copyright © 2014 GRIN Verlag GmbH
Druck und Bindung: Books on Demand GmbH, Norderstedt Germany
ISBN: 978-3-656-97506-9

Dieses Buch bei GRIN:

http://www.grin.com/de/e-book/301508/wuerfeln-mit-2-wuerfeln-ist-jede-augen-
summe-gleich-wahrscheinlich-klasse

GRIN - Your knowledge has value

Der GRIN Verlag publiziert seit 1998 wissenschaftliche Arbeiten von Studenten, Hochschullehrern und anderen Akademikern als eBook und gedrucktes Buch. Die Verlagswebsite www.grin.com ist die ideale Plattform zur Veröffentlichung von Hausarbeiten, Abschlussarbeiten, wissenschaftlichen Aufsätzen, Dissertationen und Fachbüchern.

Besuchen Sie uns im Internet:

http://www.grin.com/

http://www.facebook.com/grincom

http://www.twitter.com/grin_com

Besondere Unterrichtsvorbereitung

Doppelunterrichtsvorbereitung

UE: Mathematik:

Ist jede Augensumme gleich wahrscheinlich? -Wir würfeln mit zwei Würfeln.

Inhaltsverzeichnis

1. Lehrplanbezug des Themas

1.1 Übergeordnete Bildungsstandards

Die Bildungsstandards im Fach Mathematik für den Primarbereich wurden 2004 von der Kultusministerkonferenz bundesländerübergreifend beschlossen. Die Standards sollen „eine klare Perspektive für die anzustrebenden Ziele geben, auf die hin sich auch eine individuelle Förderung konzentrieren muss."[1]

Es wird zwischen inhaltsbezogenen und fünf allgemeinen mathematischen Kompetenzen (Prob-
lemlösen, Kommunizieren, Argumentieren, Darstellen, Modellieren) unterschieden, die die Schüler
am Ende der vierten Jahrgangsstufe erreichen sollen. Natürlich besteht eine enge Verbindung zwischen den beiden Kompetenzfeldern.

Die inhaltsbezogen mathematischen Kompetenzen beziehen sich auf fünf mathematische Leitideen,
nämlich Zahlen und Operationen, Raum und Form, Muster und Strukturen, Größen und Messen
und auf Daten, Häufigkeiten und Wahrscheinlichkeit. Der LehrplanPLus hat sich stark an dieser
Einteilung orientiert.

Die Bildungsstandards stellen kognitive Anforderungen an die Schüler, nämlich Reproduzieren,
Zusammenhänge herstellen und Verallgemeinern und Reflektieren. Diese drei Anforderungsberei-
che (auch Kompetenzniveaus) erlauben konkrete, erfahrungsbasierte Einschätzungen von Aufgaben
bezüglich ihrer Angemessenheit, Qualität und Komplexität der von den Schülern erbrachten kogni-
tiven Leistungen.

Wahrscheinlichkeit hat längst Einzug in die Bildungsstandards Mathematik gehalten. So ist hier als
inhaltsbezogene mathematische Kompetenz unter dem Oberbegriff „Zahlen und Operationen - in
Kontexten rechnen" zu lesen: „Schüler lösen einfache Aufgaben zu Häufigkeiten und Wahrscheinlichkeiten durch Probieren bzw. systematisches Vorgehen". [2]

1.2 Lehrplanbezug

Bildungs-und Erziehungsauftrag der Grunschule

Die Bayerischen Leitlinien für die Bildung und Erziehung von Kindern sind im LerhplanPLUS
Grundschule ebenso verankert wie der Art. 131 der Verfassung des Freistaates Bayern.

Bildung und Erziehung sind ein grundlegender Auftrag der bayerischen Grundschulen, um die
Schüler in ihrer Persönlichkeitsentwicklung zu unterstützen und grundlegende Bildung und Wer-

---

[1] Sekretariat der ständigen Konferenz der Kultusminister der Länder in der Bundesrepublik , S.7
[2] Vgl. ebd. S.9

3

torientierung zu erlangen. Der LehrplanPlus benennt Kompetenzerwerb in allen Bereichen des Lebens als zentrale Bildungsaufgabe der Grundschule. Der LehrplanPlus versteht Kompetenzen als „fachspezifische und überfachliche Fähigkeiten und Fertigkeiten, die Wissen und Können miteinadner verknüpfen, und motivationale Aspekte ebenso umfassen wie Argumentationsfähigkeit, Problemlösefähigkeit, Reflexionsfähigkeit und Urteilsfähigkeit."[3] Neben dem Erwerb der Kulturtechniken wie Rechnen und mathematische Kompetenz, sollen Schüler das Lernen lernen, begabtengerecht gefördert werden, in einem erziehenden Unterricht Schule als Lern- und Lebensraum erfahren, in der Variation der Unterrichtsformen Übung und Sicherung erleben.

Differenzierter und individualisierter Unterricht orientiert sich am Leistungsspektrum der Klasse und soll auf die unterschiedlichen Lernvoraussetzungen, auf den Leistungsstand der Schüler sowie ihre Fähigkeiten und ihr Lerntempo abgestimmt sein. Dies setzt eine sorgfältige Beobachtung der individuellen Lernwege und –fortschritte der Schüler voraus. Auch das fächerverbindende Lernen, wird im Kapitel 1 Bildungs-und Erziehungsauftrag der Grundschule -„Grundlegung der Bildung als Auftrag der Grundschule" angesprochen.[4]

Schulart- und fächerübergreifende Bildungs-und Erziehungsziele
Die fächerübergreifenden Bildungs- und Erziehungsaufgaben tragen der Komplexität der Lebenswirklichkeiten der Schüler Rechnung, und viele der hier erwähnten Aufgaben, wie nachhaltige Bildung, kompetenzorientierer Blick auf das Kind, Bildung als individueller und sozialer Prozess, (inter-) kulturelle Bildung, Medienbildung, technische Bildung, Kooperation mit den Eltern und anderen Bildungsträgern, sprachliche Bildung ermöglichen, dass Bildung als lebenslanger Prozess zur Selbstverständlichkeit wird, denn in einer „Wissensgesellschaft ist Bildung von zentraler Bedeutung, Kompetenzentwicklung ein lebenslanger Prozess".[5]

Fachprofil Mathematik
Der Mathematikunterricht leistet einen wesentlichen Beitrag zum Bildungsauftrag der Grundschule, da die Lerninhalte des Mathematikunterrichts der Grundschule in hohem Maße geeignet sind, grundlegende Fähigkeiten zu entwickeln und zu steigern:
– Vergleichen, Unterscheiden, Klassifizieren, Ordnen, Strukturieren, Transformieren, Verknüpfen, Zerlegen, Schlüsse ziehen, Gesetzmäßigkeiten entdecken, Regeln bilden sowie Erkanntes auf andere Zusammenhänge übertragen.
– Aussagen und Lösungswege plausibel und logisch begründen, Vermutungen und Behauptungen überprüfen und Widersprüche aufdecken.

---

[3] LehrplanPLUS S. 23
[4] Vgl.ebd., S.19-29
[5] Ebd. S. 16

4

Er trägt dazu bei „Probleme zu strukturieren und zu lösen. So liefert Mathematik einen Beitrag zur altersgemäßen Lebensbewältigung"[6]. Durch individualisierende Maßnahmen kann das persönliche Lernen sichergestellt werden. In Phasen innerer Differenzierung arbeiten die Schüler vor allem an verschieden anspruchsvollen Aufgabenstellungen und erfahren ein unterschiedliches Maß an Selbstständigkeit.

„Kompetenzorientierter Mathematikunterricht in der Grundschule stärkt die Schülerinnen und Schüler darin, mathematische Strukturen und Prinzipien (...) zu erkennen und zu durchdringen. Kenntnisse und Fertigkeiten werden geistig flexibel und reflektiert in verschiedenden Anwendungs- und Anforderungssituationen genutzt."[7]

Das **Kompetenzstrukturmodell** des LehrplanPLUS orientiert sich an den Bildungsstandards im Fach Mathematik für den Primarbereich, die 2004 von der Kultusministerkonferenz bundesländerübergreifend beschlossen wurden. Die Standards sollen „eine klare Perspektive für die anzustrebenden Ziele geben, auf die hin sich auch eine individuelle Förderung konzentrieren muss."[8] Das Modell gliedert sich in zwei Bereiche, die im Unterricht stets miteinander verknüpft werden, in die prozessbezogenen Kompetenzen und die Gegenstandsbereiche, die in allen 4 Jahrgangsstufen gleich sind und mit verschiedenenen Kompetenzerwartungen und Inhalten konkretisiert werden.

Prozessbezogene Kompetenzen:

Modellieren (M)

- Sachtexten und anderen Darstellungen der Lebenswirklichkeit die relevanten Informationen entnehmen
- Sachprobleme in die Sprache der Mathematik übersetzen, innermathematisch zu lösen und diese Lösungen auf die Ausgangssituation zu beziehen

Probleme lösen (P)
- mathematische Kenntnisse, Fertigkeiten und Fähigkeiten bei der Bearbeitung problemhaltiger Aufgaben anwenden,
- Lösungsstrategien entwickeln und nutzen (z.B. systematisch probieren),
- Zusammenhänge erkennen, nutzen und auf ähnliche Sachverhalte übertragen.

Kommunizieren (K)
- eigene Vorgehensweisen beschreiben, Lösungswege anderer verstehen und gemeinsam darüber reflektieren,
- mathematische Fachbegriffe und Zeichen sachgerecht verwenden,
- Aufgaben gemeinsam bearbeiten, dabei Verabredungen treffen und einhalten.

Argumentieren (A)
- mathematische Aussagen hinterfragen und auf Korrektheit prüfen,

---

[6] Ebd. S. 104
[7] Ebs. S.104
[8] Sekretariat der ständigen Konferenz der Kultusminister der Länder in der Bundesrepublik , S.7

- mathematische Zusammenhänge erkennen und Vermutungen entwickeln,
- Begründungen suchen und nachvollziehen.

Darstellungen verwenden (D)
- für das Bearbeiten mathematischer Probleme geeignete Darstellungen entwickeln, auswählen und nutzen,
- eine Darstellung in eine andere übertragen,
- Darstellungen miteinander vergleichen und bewerten.

Gegenstandsbereiche (entsprechen den Lernbereichen, wobei Muster und Strukturen keinen eigenen darstellt, da er aufgrund seiner übergreifenden Bedeutung in alle anderen Lernbereiche integriert ist)
• Zahlen und Operationen
• Raum und Form
• Größen und Messen
• Daten und Zufall
• Muster und Strukturen

vgl. LehrplanPlus S. 106-109

Fachlehrplan Mathematik 1 / 2

Im bayerischen LehrplanPLUS für die Grundschule ist die Unterrichtseinheit dem Lernbereich **4 „Daten und Zufall"** , genauer **4.2 „Zufallsexperimente durchführen und Wahrscheinlichkeiten vergleichen"** zugeordnet. Der Umgang mit Daten, Wahrscheinlichkeiten, Zufällen und Häufigkeiten in dieser Einheit (als auch generell gesehen) ist ein ideales Betätigungsfeld zur Entwicklung von prozessbezogenen Kompetenzen im Bereich *Modellieren*, da es sich um eine Aktivität aus dem anwendungsbezogenen Bereich der Mathematik handelt. Des weiteren fordern die Problemstellungen dieser Einheit die Kinder zum *Probleme lösen* heraus und bieten Anlass zum Nachdenken und Diskutieren *(Kommunizieren und Argumentieren),* indem nach Erklärungen für ihre Beobachtungen gesucht wird. Da die Kinder auch Strichlisten führen und die Farben der gezogenen Muggelsteine in Tabellen eintragen, wird auch die Kompetenz *Darstellungen verwenden* weiter gefestigt.

Konkrete **Kompetenzerwartungen und Inhalte:**

Die Schülerinnen und Schüler
• führen einfache Zufallsexperimente (…) durch, um sie gemeinsam zu vergleichen, und ziehen einfache Schlüsse (…).
• verwenden zur Beschreibung einfacher Zufallsexperimente die Grundbegriffe sicher, möglich und unmöglich sowie die Begriffe wahrscheinlich und unwahrscheinlich in ihrer alltagssprachlichen Bedeutung.

Mögliche **Querverbindungen** zu anderen Fachbereichen bieten sich an zu:

- Deutsch :   1.4   Über Lernen sprechen

                2   Lesen – mit Texten und mit weiteren Medien umgehen, sinnverstehendes Lesen weiterentwickeln, Informationen aus Sachtexten entnehmen

- HSU: 1.2 Leben in einer Medien- und Konsumgesellschaft (Glücksspiele)

- Kath. Religion:1 Miteinander anfangen (aufeinander zugehen, wer für mich wichtig ist)

- Sport   Wir ziehen bestimmte Farben und dürfen dann eine bestimmte Übung in der Turnhalle durchführen.

In diesen anderen Fächern können Wahrscheinlichkeiten, Glücksspiele und Zufall thematisiert werden, da dieser Inhaltsbereich fächerübergreifend ist.

2. Darstellung der Sequenz

Dem Zufall auf der Spur - Ein erster Umgang mit Wahrscheinlichkeiten

1.UZE	Wir kennen Fachbegriffe aus dem Bereich der Wahrscheinlichkeit Grobziel: Die Schülerinnen und Schüler **wenden** die Begriffe „sicher",„möglich", „unmöglich „wahrscheinlich" und „unwahrscheinlich" **an**, indem sie korrekte **Vermutungen** anhand von Informationen **tätigen** (P, A, K).
2.UZE	„Ist jede Augenzahl gleich wahrscheinlich?" - Wir würfeln mit 1 Würfel -40-maliges Würfeln mit einem Würfel und Notation in einer Tabelle- Grobziel: Die SuS machen Erfahrungen im Umgang mit Wahrscheinlichkeit, indem der Zufall **bewusst gemacht** wird(W). Die Schülerinnen und Schüler **erkennen**, dass bei der Verwendung von einem Würfel die Wahrscheinlichkeit, jede Zahl zu würfeln, gleich groß ist und **können** dies **begründen** (P, A).
3. UZE	Ist jede Augensumme gleich wahrscheinlich? - Wir würfeln mit zwei Würfeln- Grobziel: Die Schülerinnen und Schüler **erkennen** (P), dass bei der Verwendung zweier Würfel unterschiedliche Wahrscheinlichkeiten hinsichtlich der Augensumme auftreten, indem sie in **Partnerarbeit** (K) **ein Spiel** als Zufall-

	sexperiment **durchführen**, ihre Ergebnisse **protokollieren**, anschließend **interpretieren** und erste **Begründungen** dafür **finden** (**Gewinnstrategie ermitteln**) (**A**).
4. UZE	Wir untersuchen die Entstehung der einzelnen Augensummen anhand einer Additionstabelle.
	- Welche Zahlen würdest du nun im Spiel „Leuchtturm" wählen? - Grobziel: Die SuS können nun mithilfe der **Additionstabelle begründen** (D,A,P), warum manche Ergebnisse häufiger vorkommen. Die gewonnenen **Erkenntnisse** werden wieder auf das Spiel„Leuchtturm" **übertragen**, indem die SuS nun **begründen** können, welche Zahlen im Spiel die Gewinnchancen am meisten erhöhen (A,M,P).
5. UZE	Wir drehen am Glücksrad – mit welcher Scheibe erdrehen wir am wahrscheinlichsten ein blaues Feld?
	Grobziel: Die Schüler führen **stellen Vermutungen (A)** über die zu erwartenden Ergebnisse **auf** und **überprüfen diese**, indem sie an den Glücksrädern drehen und die tatsächlichen Ergebnisse in **Strichlisten dokumentieren (D)**.
6. UZE	Mit welchem Säckchen haben wir die größte Chance, einen blauen Muggelstein zu ziehen?
	Grobziel: Die Schüler äußern sich begründet zur Einschätzung von Gewinnchancen beim Zufallsexperiment „Ziehen von Muggelsteinen aus Säckchen" (P, A, D) .
7. UZE	Wir zeigen was wir können – Probe – Wahrscheinlichkeit
	Grobziel: Einschätzen von Wahrscheinlichkeiten, Anwenden der Begriffe sicher, möglich, wahrscheinlich, unwahrscheinlich, unmöglich

3. Zielformulierungen

3.1 Sequenzziel

Dem Zufall auf der Spur - Ein erster Umgang mit Wahrscheinlichkeiten

Nachdem die Schüler und Schülerinnen die Bedeutung der Begriffe „möglich", „sicher", „unmöglich", „wahrscheinlich" und „unwahrscheinlich" **verstanden** haben (P), **machen** sie anhand des Zufallsgenerators „Würfel" **erste Erfahrungen** mit der Untersuchung von Wahrscheinlichkeiten. Indem sie verschiedene Zufallsexperimente **durchführen, auswerten** und **analysieren** (P), **lernen sie**, Gewinnchancen einzuschätzen, zu **beschreiben** und **miteinander** zu **vergleichen** (K, A). Ferner **entwickeln** sie eine kritische Haltung gegenüber Glücksspielen, indem sie einfache Gewinnregeln auf Fairness **überprüfen** und unter logischen Gesichtspunkten **beurteilen** können (A, M). Zusätzlich **werden** gelernte Rechenoperationen (Addition im 20-iger Raum) systematisch **geübt**. Es wird zudem die Entwicklung eines sicheren Zahlenbegriffs gefördert, indem die **Darstellungsebenen miteinander in Bezug gesetzt** werden müssen (D).

3.2 Grobziel

Das Grobziel der Stunde lautet:

Die Schüler äußern sich begründet zur Einschätzung von Gewinnchancen beim Zufallsexperiment „Ziehen von Muggelsteinen".

3.3 Feinziele der Stunde

Die Schüler und Schülerinnen erhalten die Lernchance

- die im Zufallsexperiment ermittelten Daten in einer Strichliste darzustellen.
- eine begründete Prognose zur Verteilung der blauen und grünen Muggelsteine in ihrem Säckchen zu formulieren.
- die Gewinnchancen für jedes der fünf Säckchen mit Grundbegriffen der Wahrscheinlichkeit zu benennen.
- sich für das Säckchen mit den besten Gewinnchancen begründet zu entscheiden.

4.   Begründung der Zielsetzung

4.1   von der Sachstruktur

Die SuS beschäftigen sich in dieser Unterrichtseinheit mit der Wahrscheinlichkeit bei einfachen Zufallsexperimenten, einem Teilbereich aus der Stochastik.

Wahrscheinlichkeit ist im Allgemeinen definiert als das Verhältnis der Zahl der günstigen Fälle zur Zahl aller möglichen Fälle.

n, fünf und neun, sechs und acht die gleichen Wahrscheinlichkeiten haben.[9]

Die häufige Durchführung des Experiments basiert auf der mathematischen Grundlage des „Gesetzes der großen Zahlen" für die Ermittlung von Wahrscheinlichkeiten mithilfe von relativen Häufigkeiten wie der in dieser Stunde geforderten Strichliste. Das Gesetz besagt, dass sich mit wachsender Anzahl an Versuchen die relative Häufigkeit eines Ereignisses seiner theoretischen Eintrittswahrscheinlichkeit nähert.[10]

E-I-S Prinzip

Das von Jerome Bruner aus der Lernpsychologie abgeleitete E-I-S Prinzip findet im Umgang mit dem mehrstufigen „Ziehen von Muggelsteinen" Berücksichtigung. So wird Ziehen mit konkretem Material durchgeführt (**enaktiv**), die gezogenen Muggelsteinfarben aufgeschrieben (**ikonisch**) und darüber hinaus verbalisieren die Schüler ihre Gedanken und Handlungsschritte, tauschen sich über ihr Vorgehen aus und halten die Ergebnisse in Form von Strichlisten fest (**symbolisch**e Ebene). Es wird dadurch auf unterschiedlichen Abstraktionsebenen gearbeitet und die Kinder erhalten so Sicherheit im Wechsel zwischen diesen Stufen.

4.2   von der Individuallage der Klasse

In der Klasse lernen 7 Mädchen und 12 Jungen gemeinsam, es herrscht eine sehr offene und freundliche Atmosphäre. Die meisten Kinder zeigen einen zunehmend hilfsbereiten und rücksichtsvollen Umgang miteinander und unterstützen sich gegenseitig. Neuen Unterrichtsinhalten stehen die Kinder sehr offen und aufgeschlossen gegenüber. Viele beteiligen sich aufmerksam und gerne am Unterrichtsgeschehen. Im Allgemeinen sind die Kinder gut zu motivieren. Rituale, die den Schulalltag strukturieren und den Schülern Orientierung bieten, werden von den Kindern prinzipiell angenommen, allerdings werden Regeln, die das Zusammenleben- und arbeiten ermöglichen, von vielen Schülern noch gerne übersehen und müssen daher immer wieder neu eingefordert und trainiert wer-

---

[9]vgl. König-Wienand 2006, S.13).
[10]vgl. Hasemann u.a. 2008: 152

den. Dies gilt vor allem für Regeln wie das Melden und gegenseitige Zuhören bzw. Abwarten, wenn ein anderer spricht. Ein Bestrafungs- bzw. Belohnungssystem mit Wandern von der Sonne auf die Wolke und dann auf die Regenwolke wird kommentarlos angewandt, wenn ein Schüler gegen eine der Regeln verstößt. Einige Schüler sind noch recht unselbstständig und wenden sich schnell mit Fragen an die Lehrkraft. Mit klaren und transparenten Regeln wie „Ich denke zuerst selber nach." und „Ich frage meinen Nachbarn im Flüsterton, wenn ich nicht weiterkomme" und „Erst wenn der Nachbar auch nicht weiter weiß, wende ich mich an die Lehrkraft", offenen Lernarrangements, selbständiger Lösungskontrolle etc. und einer strukturierten Vorarbeit beabsichtige ich die Eigenständigkeit der Kinder weiter zu fördern. Die Lerngruppe ist sehr heterogen in Bezug auf ihr Arbeitsverhalten, Arbeitstempo und ihrer Konzentrationsfähigkeit.

Während einige durchgehend eine hohe Leistungsbereitschaft und eine engagierte Arbeitshaltung erkennen lassen, bemühen sich andere Schüler zwar, haben aber noch starke Aufmerksamkeitsprobleme. Wieder andere müssen immer wieder ermahnt werden, bei der Sache zu bleiben, etwas aufzuschreiben, mitzumachen, dies sind vorallem 2 Jungen, die aber leistungsmässig im mittleren oder sogar oberen Bereicht liegen, sie wirken oft abwesend. Diese SuS fordern die Nähe und Aufmerksamkeit der Lehrkraft, sie benötigen klare Arbeitsanweisungen.

Die Schüler sind Partnerarbeit, Gruppenarbeit, Sitzkreis und Arbeit an verschiedenen Stationen gewohnt, sie bearbeiteten selbständig eine Lerntheke in Mathematik. Sie kennen Selbstkontrollen und können ihre Ergebnisse im Plenum präsentieren. Differenzierung meist anhand unterschiedlicher Schwierigkeitsstufen der Arbeitsblätter und -aufträge findet permanent statt.

Das gemeinsame Reflektieren über den Lernzuwachs bzw. das Präsentieren der Ergebnisse am Ende einer Stunde ist den Kindern bereits bekannt, jedoch fällt vielen SuS das freie Formulieren über ihre gesammelten Erfahrungen noch schwer. Daher sind Visualisierungen der Aufträge an der Tafel hilfreich. Verabredete Signale wie das Benutzen der Klangschale als Stille-Zeichen kennen die Kinder in all meinen Fächern. Das nahende Ende der Arbeit wird durch das Umdrehen der Sanduhr angezeigt.

In der ersten Sequenzstunde wurden die Begriffe „wahrscheinlich", „unwahrscheinlich", „sicher", „möglich" und „unmöglich" eingeführt, die als Fachbegriffe somit vorausgesetzt werden und daher auch angewandt werden können.

Eine Vorerhebung in Form einer Anwendung der Fachbegriffe und einer Vorstellung von Wahrscheinlichkeiten bezüglich des Erkennens von Gewinnchancen beim Drehen eines Glücksrades zeigte mir den momentanen Leistungsstand des jeweiligen Schülers in dem Kompetenzbereich des „Zufalls und der Wahrscheinlichkeiten".

Ergebnisse der von mir am 23.3.15 durchgeführten Befragung aufgrund derer ein Soziogram der Klasse 2b erstellt wurden

1 Junge hat sich eindeutig herauskristallisiert, neben dem 8 Kinder keinesfalls sitzen wollen, dieser würde auch mehrheitlich nicht zum Geburtstag eingeladen werden und neben ihm möchten die meisten auch nicht in der Zweierreihe laufen. T. ist der Außenseiter der Klasse, er verhält sich leider auch oft unkameradschaftlich, fügt sich nur schwer in die Gruppenarbeit ein und er ist auch einer der Träumer im Unterricht. Leon ist der beliebteste Schüler, aber insgesamt ist das Klima ansonsten sehr ausgeglichen.

Name	Modellie-ren	Probleme lösen	Kommuni-zieren	Argumen-tieren	Darstel-lungen verwenden	Besonderes
	-	-	-	-	o	Sehr langsame Auffassungsgabe, bemüht
	++	++	++	+	+	Sehr eifrig dabei, sehr gute Ergebnisse
	+	+	+	+	+	Meldet sich viel, vergisst Hausaufgaben
	++	++	+	+	+	Sehr ordentlich, rechnet sicher
	o	–	-	-	o	Zehnerübergang fällt noch schwer, Sachaufgaben noch unsicher
	-	- -	-	-	o	Schwach in allen Bereichen, feinmotorische Probleme, langsam, oft in Gedanken woanders
	++	++	++	++	++	Sehr schnell und gut
	+	++	+	+	+	Lässt sich ablenken
	++	++	++	++	++	Rechnet schnell und sicher, schnelle Auffassungsgabe, redet oft rein
	+	+	o	o	o	Ruhig, redet sehr leise, vergisst Hausaufgaben abzugeben, mittleres Leistungsniveau
				-	+	Erst seit Dezember in Deutschland, spricht und versteht schon viel, im Rechnen sehr sicher im Zahlenraum bis Hundert,
	++	++	+	+	+	Ruhig, fleißig, guter Rechner
	+	+	+	+	+	Will oft mit Antonia schwätzen, eifert ihr nach, etwas schwächer
	++	+	++	+	++	Sehr ordentlich, sie sucht sehr meine Nähe, fragt immer wieder nach, leistungsstark
	+	o	+	o	+	Träumt oft vor sich hin, sehr langsam, kann aber vieles, wenn er will
	+	o	o	+	+	Sehr schüchtern, langsam, traut sich wenig zu
	o	-	-	o	o	Konzentrationsprobleme, ärgert sich über sich selber, wenn er etwas nicht versteht, schwach
	+	+	+	+	+	Motiviert, kümmert sich um Tino, wird aber ab und an von ihm abgelenkt
	++	++	+	+	++	Leistungsstark, arbeitet konzentriert mit, meldet sich viel
	++	++	+	++	++	Oft schlecht zu motivieren, träumt vor sich hin, braucht immer wieder extra Aufforderung

Die jahrgangsgemischte Klasse weißt also eine große Heterogenität sowohl im sozialen als auch im leistungsmäßigen Bereich auf.

Gegenwarts- und Zukunftsbedeutung des Themas für die Schüler

Stochastik ist Teil unseres Alltags sei es z.b. in Würfelspielen, Prognosen aufgrund statistischer Daten oder in der Lotterie: Auch Grundschulkinder haben zumindest in Spielsituationen bereits Erfahrungen mit dem Zufall sammeln können. Stochastik leistet damit einen wesentlichen Beitrag zur Allgemeinbildung, denn „wenn eine der Grundaufgaben allgemein bildender Schulen darin besteht auf das Leben vorzubereiten und zur Erfassung der Wirklichkeit zu befähigen, dann kann man an dem Aspekt des Zufalls nicht vorbeigehen"[11]. Zudem sind stochastische Problemstellungen oft anschaulich vermittelbar und leicht zu verstehen und durch diese Anschaulichkeit und dem spielerischen Charakter des Arbeitens entsteht Motivation.

Die Schüler sollen bereits möglichst früh lernen, sich aktiv entdeckend mit mathematischen Problemstellungen auseinanderzusetzen. Sie sollen nicht zu Schülern erzogen werden, die nach dem „Nürnberger Trichter" funktionieren, sondern die sich möglichst mit Freude selbständig Lösungsstrategien suchen und somit zu tieferen Einsichten gelangen. Ein gut ausgebildetes Problemlöseverhalten hilft ihnen nicht zuletzt auch, ihren Alltag besser zu meistern. Fragestellungen zur Wahrscheinlichkeit fördern die Entwicklung von strategischem Denken.[12]

Die durchgeführten Aufgaben zur Wahrscheinlichkeit bieten den Rahmen für ein spielerisches, experimentelles Vorgehen, das ihrem noch sehr ausgeprägten Spiel- und Bewegungsdrang entgegen kommt. Sie beinhalten sowohl den Aspekt der Handlungsorientierung als auch des selbstständigen Entdeckens. Die Würfel und das Spiel haben einen sehr hohen Aufforderungscharakter und fördern so die Freude und das Interesse, sich mit mathematikhaltigen Problemstellungen zu befassen. Sie treffen das Interesse der Kinder unmittelbar von der Sache her - haben einen Bezug zu ihrer Lebenswirklichkeit -, aber auch von der abstrakten Problemstellung. „Stochastische Fragestellungen bieten auch in der Grundschule eine ganze Reihe von Möglichkeiten für Kinder, um über spielerische Handlungen Lösungsstrategien zu erproben und propädeutisch grundlegende mathematische Begriffe und Beziehungen anzubahnen, die oft in enger Verbindung stehen zu arithmetischen oder geometrischen Themen."[13]

Außerdem werden die Schüler durch diese Unterrichtseinheit immer mehr dazu befähigt, die Wahrscheinlichkeiten für Ereignisse abzuschätzen und so ihr Handeln darauf abzustimmen.

Es ist zu beobachten, dass Kinder „entwicklungsbedingt zum Teil animistische Vorstellungen über

---

[11]Ulm 2009: 11
[12]vgl. Radatz/ Rickemeyer, S. 68
[13]ebd. , S. 117

die Ursache von Ereignissen"[14] haben. Ein Würfel etwa hat magische Eigenschaften und ein fester Glaube hilft, um eine 6 beim „Mensch-ärgere-dich nicht" zu würfeln. Das Durchführen und Untersuchen von Zufallsexperimenten innerhalb dieser Unterrichtsreihe kann also dazu dienen, sich von solchen Fehlvorstellungen zu lösen.[15] Weitere Fehlvorstellungen sind beispielsweise, dass Ziehungsergebnisse durch Erfahrung, Geschick, Alter, mit der linken Hand würfeln zu beeinflussen sind. So kann das Lernen von Stochastik auch dazu beitragen, eine höhere Kritikfähigkeit gegenüber vorgelegten Behauptungen zu erlangen.

Im Spiel erleben die Kinder auch, dass bestimmte Ereignisse häufiger eintreten als andere. Daraus ergibt sich die Frage, ob das Zufall ist, oder ob es dafür plausible Erklärungen gibt. Auf der Suche nach einer Erklärung setzen sich die Schüler intensiv mit dem Problem auseinander und können ihre Erkenntnisse auch in ihrer Lebenswelt anwenden.

Entwicklungspsychologische Hinweise

Phasen der Entwicklung des mathematischen Denkens nach Piaget:

• 4-6 Jahre: Voroperativ-anschauliches Denken, Begriffe sind an die reale Anschauung und konkrete Handlung gebunden

• **6-12 Jahre: konkret-operatives Denken, Kompositionsfähige und reversible Denkhandlungen, Koordination von konkreten Handlungen in der Vorstellung, Lösung kann allmählich auf verschiedenen Wegen erreicht werden.**

• Ab 11 Jahren: Formal-operatives Denken, Denken ist nicht mehr an die konkrete Vorstellung gebunden, es ist deduktiv, abstrakt und hypothetisch.

Vgl. Maras, S. 169

5. Didaktische Reduktion

Eine Reduktion des Lerngegenstandes liegt in der Auswahl der Muggelsteine (geringe Anzahl, nur 2 Farben) und der relativ eindeutigen Verteilung auf die Säckchen (z.b. 2 und 6 statt 3 und 5).

---

[14]LORENZ (2006, S.6
[15]vgl. EICHLER, K.-P. 2010, S. 10

6. Methodisches Vorgehen

6.1 Kommentierter Sitzplan

Eine Vorerhebung in Form einer Anwendung der Fachbegriffe und einer Einschätzung von Wahrscheinlichkeiten bezüglich des Erkennens von Gewinnchancen beim Drehen eines Glücksrades zeigte mir den momentanen Leistungsstand des jeweiligen Schülers in dem Kompetenzbereich des „Zufalls und der Wahrscheinlichkeiten".

Tischfarbe: Leistungsstärke in Mathematik, Wahrscheinlichkeit   stark, mittel, schwach

Verständnis von Arbeitsaufträgen mittel   Schülerpersönlichkeit strebsam, gewissenhaft

niedrig   impulsiv, antreibend, laut

hoch   zurückhaltend, ausgeglichen

Auswertung des Soziogrammes:

überwiegend ablehnende Stimmen erhalten

überwiegend zustimmende Stimmen erhalten

gleich viele ablehnende wie zustimmende Stimmen erhalten

6.2   Plan der Durchführung

Zeit	Artikulation	Unterrichtsverlauf	Sozial-form	Methoden
0	Einstimmung	Fragestellungen zur Wahrscheinlichkeit wahrscheinlich, unwahrscheinlich, sicher, möglich, unmöglich	UG	WK
2	PROBLEM-STELLUNG			
	Präsentation der Aufgabe	L zeigt 2 Würfel	Tafelkino	Impuls
		SuS: Heute würfeln wir mit 2 Würfeln und schauen, ob alle Zahlen dabei gleich häufig gewürfelt werden	UG	2 farbige Würfel
	Zielangabe	Wir würfeln mit zwei Würfeln – Ist jede Augensumme gleich wahrscheinlich?		Tafelanschrift
		L: Meinst Du, dass jede Augenzahl gleich-wahrscheinlich ist, gleich oft vorkommt?		
		SuS reaktivieren das Vorwissen aus der Stunde zuvor zum Würfeln mit nur 1 Würfel und stellen Vermutungen an		Tafelanschrift
		Kurze Erläuterung, welche Ergebnisse möglich sind, welche unmöglich		
	Erschließung der Aufgabe und ihrer Dar-stellung	L zeigt Spielplan, erläutert Arbeitsauftrag		Spielplan, AB, Würfel, Wk
		SuS wiederholen		
10	PROBLEM-LÖSUNG			
	Entwicklung von Lösungs-hilfen und –strategien	Die Kinder spielen das Spiel und dokumen-tieren ihre Ergebnisse	PA oder GA	Spielplan, AB, Würfel, Wk
		Gerade schnelle Schüler können das AB ana-lysieren und interpretieren und Vermutungen anstellen, warum manche Augenzahlen häu-figer gewürfelt wurden		Differenzierte AA durch Zusatz-blatt
		L hat in dieser Phase beratende Funktion, gibt je nach Bedarf individuelle Hilfestellun-gen und beobachtet die SuS hinsichtlich Problemlösestrategien.		und durch eigenes Bestimmen der Wurfanzahlen

		L beendet die Arbeitsphase durch Signal SuS kommen in den Kreis		
28	Präsentation der Lösungen	Die Paare präsentieren ihre Ergebnisse Es wird auffallen, dass Spieler 1 häufiger gewonnen hat, Vermutungen warum	Tafelkino UG	
	Gemeinsame Aufgaben- lösung Rückbesinnung	Gemeinsam wird erforscht, wieso manche Zahlen häufiger gewürfelt werden		
		→ manche Augensummen werden häufiger (wahrscheinlicher) gewürfelt als andere		Ergebnisse an Tafel fixiert
40	Reflexion	Ist es Dir leicht oder schwer gefallen zu er- kennen, dass bestimmte Augenzahlen häufi- ger gewürfelt wurden? Was nimmst Du nun mit aus dieser Stunde?	UG	Stein, Feder, Kiste
		Ich nehme mit, dass manche Zahlen häufiger gewürfelt werden, weil es mehrere Möglich- keiten gibt, sie zu würfeln als bei z.b. der 2 und darum ist es wahrscheinlicher, dass man sie würfelt. (z.b. wird die 7 wahrscheinlicher als die 2 und die 12, die unwahrscheinlicher gewürfelt werden)	UG	BK-Wk mit Satz- anfängen
	Ausblick auf die nächste Stunde	Die Kinder wissen nun, dass sie in der nächsten Stunde erfahren, welche Möglich- keiten es gibt, die einzelnen Augenzahlen zu erwürfeln und welche Zahlen am wahr- scheinlichsten sind		L information

6.3 Tafelbild

Vermutungen: Am wahrscheinlichsten würfeln wir: 3, 7, 8 , 2, 5, 6 Am unwahrscheinlichsten würfeln wir: 1,12,5,6,7, So oft würfelten wir: 2 3 4 5 6 7 8 9 10 11 12 1 2 3 8 9 10 8 9 4 2 2	Frage: 10.11.14 Wir würfeln mit zwei Würfeln? Ist jede Augen- summe gleich wahrscheinlich? Leuchtturmspiel Spieler 1 Spieler 2 1,2,3,4,10,11,12 5,6,7,8,9 Antwort: Manche Zahlen werden wahrscheinlicher ge- würfelt als andere.	So oft gewann Spieler 1: 2 3 2 2 4 2 4 1 1 So oft gewann Spieler 2: 4 5 6 4 7 7 4 2 1 8

17

6.4 Begründung der methodischen Entscheidungen

Der spielerisch-experimentelle und somit handelnde Zugang zu zufälligen Ereignissen und zur Wahrscheinlichkeitsrechnung bietet in der Grundschule eine geeignete Herangehensweise an die Thematik. Zum einen wirken Spiele motivierend auf Kinder und das Lernen erfolgt aufgrund einer intrinsischen Motivation. Zum anderen können die Schüler im Spiel erleben, dass bestimmte Ereignisse häufiger als andere auftreten und der Frage nachgehen, ob dieses Zufall ist oder ob es dafür eine Erklärung gibt. Aus der Sache heraus werden Kinder somit dazu angeregt, das durchgeführte Spiel/Zufallsexperiment genauer zu analysieren, um eine Begründung für ihre Erfahrungen zu finden.

Methodische Ableitung:

Da ein freudiger Umgang mit stochastischen Fragestellungen in einer 2. Klasse nur in solchen Lernumgebungen entwickelt werden kann, die den Schülern die Möglichkeit geben, sich durch Ausprobieren mit einer Fragestellung aus ihrer Lebenswirklichkeit auseinanderzusetzen, ist es notwendig, dass

1. Schüler mit unterschiedlichen Fähigkeiten

2. in Zusammenarbeit mit anderen Kindern, in der Gruppen- oder Partnerarbeit

3. selbst entdeckend und handelnd

4. in einem spielerischen Rahmen

5. mit den Würfeln versuchen können, verschiedene Häufigkeiten für bestimmte Augenzahlen zu finden.

Arbeitsmethodisch:

Die in dieser Lerneinheit verwendeten Arbeits- und Sozialformen (Sitzkreis, Tafelkino, Unterrichtsgespräch, Partnerarbeit, Gruppenarbeit) sind den Schülern geläufig.

Steigt die Lautstärke der Kinder zu sehr an, wird durch die Lehrerin ein akustisches Signal eingesetzt, um zum ruhigeren Arbeiten aufzufordern. Das Ende einer Arbeitsphase wird durch ein optisches Signal angezeigt.

Die gestellte Aufgabe der Stunde ist eine selbstdifferenzierende Aufgabe, was bedeutet, dass sie aus sich heraus ein differenziertes Arbeiten zulässt. Alle Schüler arbeiten an der gleichen Sache und können mit unterschiedlichen Fähigkeiten, Zugängen und Arbeitsweisen Ergebnisse erzielen und in den Unterrichtsprozess einbringen.[16]

---

[16]vgl. Büchter/ Leuders , S. 110ff.

In dieser Stunde findet eine qualitative Differenzierung statt. Die Schülerinnen und Schüler arbeiten in Partnerarbeit zusammen, sodass sie sowohl ihr Vorwissen, als auch ihre Ideen und ihr strategisches Vorgehen je nach Leistungsvermögen zum Erreichen des Ziels miteinbringen können. Durch die unterschiedliche Mitarbeit der Kinder kommt es zum anderen auch zu einer quantitativen Differenzierung. Desweiteren haben schnelle Schüler die Möglichkeit ein weiteres Ab zu bearbeiten, bei dem sie schon ausfüllen, welche Würfelkombinationen sie im einzelnen erzielten und daran schon erkennen können, dass es für manche Augensummen nur 2 Möglichkeiten, für andere aber 6 gibt.

Die Paare sind leistungsmäßig heterogen eingeteilt, so dass die schwächeren Schüler von den stärkeren profitieren können, aber die Schwächeren sich hier beim Würfeln auch gut einbringen können.

Einstimmung Kopfrechenaufgabe
Eine Kopfrechenaufgabe darf in keiner Mathematikstunde fehlen. Deswegen habe ich mich auch für die Unterrichtsvorführung für eine Kopfrechenaufgabe aus der auditiven Wahrnehmung entschieden. Durch dieses kleine Warm-up sollen die Schüler flexibel im Kopf werden und sich auf den Mathematikunterricht einstimmen. Um auf die spätere Wahrscheinlichkeitsaufgabe hinzuführen, benutze ich die in der vorletzten Unterrichtsstunde gelernten Begriffe „wahrscheinlich", „unwahrscheinlich", „möglich", „sicher" und „unmöglich".

Problemstellung
Präsentatin der Aufgabe
Zu Beginn der Stunde knüpfe ich an die Erkenntnisse der letzten Unterrichtstunde an, welche sich auf das Würfeln mit einem Würfel bezogen und lasse die Beobachtungen wiederholen. Anschließend stelle ich den Schülern das Leuchtturmspiel vor, bei dem man mit zwei Würfeln würfelt. Das Spiel samt Anleitung wird mit den Schülern besprochen.

Zielangabe
Durch das Zeigen zweier Würfel können ein paar Kinder selbständig das Ziel der heutigen Stunde formulieren. Der stumme Impuls regt die Schüler zum selbständigen Nachdenken an, eröffnet ihnen die Problemstellung und die Lehrerin präsentiert dann die konkrete Aufgabenstellung.
Die Kinder haben die Frage/ den Arbeitsauftrag selbst entwickelt, also keine Vorgabe durch die Lehrperson, so dass dieser für alle verständlich und kindgerecht formuliert ist.

Erschließung der Aufgabe und ihrer Darstellung
Hier stellt sich die Frage, ob es sich hier genauso wie beim Würfeln mit einem Würfel verhält, also

ob dieses Spiel auch fair ist. Die Schüler äußern erste Ideen und Vermutungen, die als Denkanstöße für die Arbeitsphase hilfreich sein können. Diese werden an die Tafel geschrieben.

Um die Frage, ob alle Augenzahlen gleich häufig erwürfelt werden, klären zu können, sollen die Schüler das Spiel mehrmals mit einem Partner durchlaufen und ihre Ergebnisse in einer Strichliste festhalten. Damit jedem Schüler der Arbeitsauftrag klar ist, wird dieser wiederholt und den Schülern zusätzlich ausgeteilt.

Um Diskussionen zu vermeiden stecke ich den zeitlichen Rahmen ab und entscheide, wer mit wem zusammenarbeitet. Die Partnerzusammensetzung ist bewusst überwiegend heterogen gewählt. Ich erwarte mir durch die Partnerarbeit gerade bei den schwächeren Schülern einen höheren Erkenntnisgewinn, indem sie ihre Beobachtungen durch Aussprechen der Gedanken und Besprechung mit dem Partner besser nachvollziehen können. Partnerarbeit habe ich gewählt, da die Sozialform das selbstständige und kooperative Arbeiten fördert. Sie vereint die Vorteile der Einzel- und der Gruppenarbeit, die Schüler arbeiten aktiv und konzentriert an der Aufgabe und sind zugleich interaktiv-kommunikativ tätig. Die Partnerarbeit fördert den Austausch über mathematische Entdeckungen und erleichtert das Formulieren der Feststellungen.

PROBLEMLÖSUNG

Entwicklung von Lösungshilfen und – strategien

In der Arbeitsphase erhalten die Schüler paarweise ein Spielfeld mit Arbeitsanweisung, ein Arbeitsblatt, zwei Würfel und zwei Spielfiguren. Die Schüler führen in Partnerarbeit das Leuchtturmspiel durch und halten ihre Ergebnisse in der Strichliste fest.

Der Auftrag und das Arbeitsblatt sind aufgrund des spielerischen Experimentes so angelegt, dass es keiner weiteren Differenzierung bedarf. Die Auseinandersetzung mit dem Auftrag kann demnach auf unterschiedlichen Niveaus erfolgen: Diese natürliche Differenzierung ergibt sich durch den Grad der Begründung und des Entdeckens der Strukturen, die sich in der Augensummenbildung verbergen. Für leistungsstärkere und schnelle SuS/Paare habe ich ein zusätzliches Arbeitsblatt konzipiert, wo sie sich bereits vertiefend mit der Augesummenbildung beschäftigen, indem sie den Auftrag bekommen alle Möglichkeiten der Augensummen zweier Würfel in einer Tabelle aufzuschreiben.

Die Spielphase unterbreche ich mit einem Gong und gebe den Schülern 3 Minuten Zeit, um ihr gerade begonnenes neues Spiel zu beenden oder das Arbeitsblatt vollständig auszufüllen.

Schnelle Schüler werden auch die Zusatzfragen beantworten und auch mit dem Partner vergleichen und sich Gedanken zum Ergebnis machen.

Langsamere werden nur würfeln, aber dabei auch erkennen, dass sie bei einigen Zahlen mehr Striche machen können als bei anderen.

Präsentation der Ergebnisse

Die Arbeit der Kinder erfährt eine Würdigung, wenn die Ergebnisse präsentiert und an der Tafel zusammengetragen werden. Die Schüler nehmen ihre Strichlisten mit in das Tafelkino und legen sie vor sich auf den Boden. Nun dürfen die Schüler erzählen, was sie bei dem „Experiment" herausgefunden haben und welche der Vermutungen sie bestätigen würden. Die experimentell gefundenen Ergebnisse werden an der Tafel festgehalten und mit den anderen Paaren verglichen, was Anlass zu intensiven Nachdenken und Diskutieren bietet. Die Beobachtungen der Kinder und die Feststellung einer unterschiedlichen Verteilung der Augensummen sollen am Ende der Stunde zu der Frage nach dem „Warum?" führen, um in der kommenden Stunde daran anzuknüpfen. Sollten die Schüler hierbei nicht von selbst auf die Zusammensetzung der Augensummen kommen, wird der Blick von mir durch den Impuls: „Wie setzen sich denn eigentlich die Augensummen zusammen? Wie viele Möglichkeiten habe z.B. die Summe 2 zu bilden?" gelenkt. (Einige Kinder, die das zweite Arbeitsblatt bearbeitet haben, könnten hier schon erste Tipps geben!). Nach ersten Äußerungen der SuS gebe ich den Ausblick darauf, dass wir die Entstehung der Augensummen in der nächsten Stunde genauer untersuchen werden

REFLEXION

Die Schüler erhalten nun Gelegenheit über den Verlauf der Stunde nachzudenken und ihren eigenen Lernzuwachs zu beurteilen. Sie äußern sich dazu, ob es ihnen schwer gefallen ist, die Erkenntniss zu gewinnen, dass nicht jedes Ergebnis gleich wahrscheinlich ist oder was sie sich nun gemerkt haben, für die nächste Stunde mitnehmen und auch was sie noch genauer erforschen wollen.

Das Verbalisieren des eigenen Zielerreichens befähigt die Schüler, sich ihrer eigenen Kompetenzen bewusst zu werden und ihre eigenen Schwächen und Stärken zu erkennen.

Ausblick auf die nächste Stunde

Anschließend gebe ich den Schülern einen Ausblick auf die nächste Stunde, in der sie genau herausfinden können, <u>warum</u> manche Augensummen häufiger gewürfelt wurden und andere nicht. Außerdem teile ich den Schülern mit, dass sie in der folgenden Stunde das Leuchtturmspiel so verändern dürfen, dass es fair ist.

7.   Anlagen

<u>Leuchtturmspiel – Spielregeln:</u>

Spielregeln:
- Würfelt abwechselnd mit zwei Würfeln und addiert die Augenzahlen.
- Der Gewinner eines jeden Wurfs darf seine Spielfigur auf dem Leuchtturm ein Stockwerk höher schieben.

Gewinnregeln:
- *Blau* gewinnt bei den Ergebnissen *5, 6, 7, 8, 9* und darf ein Stockwerk höher steigen.
- *Rot* gewinnt bei den Ergebnissen *1, 2, 3, 4, 10, 11, 12* und darf ein Stockwerk höher steigen.

Gewonnen

rot (1,2,3,4,10,11,12)	blau (5,6,7,8,9)

Ich habe gewonnen:

_____

Ich habe gewonnen:

_____

Zufall und Wahrscheinlichkeit

Spielt das Leuchtturmspiel und zeichnet jedes Mal einen Strich bei der Zahl, die ihr gewürfelt habt.

Augen-summe	2	3	4	5	6	7	8	9	10	11	12
Strich-liste											
Anzahl											

Welche Zahl habt ihr am häufigsten gewürfelt? _____

Welche Zahl habt ihr am seltensten gewürfelt? _____

rot hat _____ mal gewonnen.

blau hat _____ mal gewonnen.

Vergleicht eure Ergebnisse mit den Ergebnissen eurer Tischgruppe. Was fällt euch auf?

_____

_____

Würfeln mit 2 Würfeln

So kann ich die Augensummen würfeln

2	3	4	5	6	7	8	9	10	11	12
1+1					1+6					
					6+1					

25

8.   Literaturverzeichnis

8.1 Grundlagenliteratur

Auer, M., Hartwig, H. W. (Hrsg): Lehrplankommentar für die bayerische Grundschule. Didaktische Grundlagen und praktische Umsetzung. Band 1. Jahrgangsstufen 1 und 2. Mit Kopiervorlagen. Auer Verlag, Donauwörth 2001.

Bayerisches Staatsministerium für Unterricht und Kultus: LehrplanPlus Grundschule. Lehrplan für die bayerische Grundschule. München 2014.

Maras, R, Ametsbichler, J.: Unterrichtsgestaltung in der Grundschule – ein Handbuch. Auer-Verlag, Donauwörth 2012.

Sekretariat der ständigen Konferenz der Kultusminister der Länder in der Bundesrepublik, Beschlüsse der Kultusministerkonferenz. Bildungsstandards im Fach Mathematik für den Primarbereich. Wolter, Kluber, Deutschland. München / Neuwied 2005.

8.2   Fachwissenschaftliche Literatur

Bettner, M., Dinges, E.: Stochastik in der Grundschule. Kombinieren, schätzen, Daten erfassen und auswerten. Persen Verlag. Hamburg 2013.

Bosch, K.: Elementare Einführung in die Wahrscheinlichkeitsrechnung. Wiesbaden: Friedr. Vieweg & Sohn, 2006.

Bräu, K.: Individualisierung des Lernens- Zum Lehrerhandeln bei der Bewältigung eines Balanceproblems. *In:* Bräu, K. / Schwerdt, U. (Hrsg.): Heterogenität als Chance. Vom produktiven Umgang mit Gleichheit und Differenz in der Schule. Münster 2005. S. 129- 149.

Carle, U.: Leistungsvielfalt im Unterricht. *In:* Bräu, K. / Schwerdt, U. (Hrsg.): Heterogenität als Chance. Vom produktiven Umgang mit Gleichheit und Differenz in der Schule. Münster 2005. S.55-70.

Meister, H.: Differenzierung von A-Z. Eine praktische Anleitung für die Sekundarstufen. Stuttgart 2000.

Meyers Lexikonredaktion (Hrsg.): Duden. Rechnen und Mathematik. Bibliographisches Institut & F.A. Brockhaus AG. Mannheim 2000.

Müller, G./ Wittmann, E. : Der Mathematikunterricht in der Primarstufe. Vieweg. Braunschweig 1984.

Radatz, H./ Rickemeyer K. : Aufgaben zur Differenzierung im Mathematikunterricht der Grundschule. Hannover 2006.

Spinner, K.H.: Handlungs –und produktionsorientierter Mathematikunterricht. *In:* Bogdal, K.-M. / Korte, H.: Grundzüge der Literaturdidaktik. S. 247-257. München 2004.

8.3 Fachdidaktische Literatur

Dehn, C. u.: Was ist wahrscheinlicher? Glücksrad- und Urnenaufgaben für die Grundschule. In: Grundschulunterricht 2/2007. S. 33 – 36.

Eichler, K.-P.: Wahrscheinlich kein Zufall – Betrachtungen rum um Wahrscheinlichkeit und Häufigkeit. In Praxis Grundschule 3/2010. S. 7 – 13.

Hasemann, K.u.a.: Wahrscheinlichkeitemann, K., Mirwald, E., Hoffmann, A. (2008): Daten, Häufigkeit, Wahrscheinlichkeit. In: Walther, G.; van den Panhuizen, M.; Granzer, D. Und Köller, O. (Hrsg.): Bildungsstandards für die Grundschule: Mathematik konkret. Cornelsen Verlag Scriptor, Berlin, S. 141-161.

König-Wienand, A. : Tom und Leonie würfeln – ein Zufallsexperiment mit zwei Würfeln. In: Grundschule Mathematik. Wahrscheinlichkeit: Wer gewinnt? Heft Nr. 9, 2006, S. 12-15.

Lehner, S., Mehltretter, K.: Kinder entdecken Stochastik. Daten, Wahrscheinlichkeit und Kombinatorik.1.-4. Schuljahr. Oldenbourg Schulbuchverlag. München 2009.

Lorenz, J.H.: Die Kunst des Mutmaßens und Gerechte Spiele. In: Grundschule Mathematik 9/2006. S. 4 – 7 u. S. 40-43.

Mayer, St.:Wahrscheinlichkeitsrechnung – Ein motivierendes Thema für die Grundschule. In: Grundschulunterricht Mathematik 2/2008. S. 24 – 28.

Radatz, H./ Schipper, W./ Dröge, R./ Ebeling, A. : Handbuch für den Mathematikunterricht. 2. Schuljahr. Hannover 1999.

Rechtsteiner-Merz, Charlotte (2009): Heute versuchen wir unser Glück. In: Grundschulmagazin, Heft 2, S. 21-24.
Röhrkasten, K.:Spiele mit dem Zufall – Spielend mit Wahrscheinlichkeiten im Mathematikunterricht umgehen. In Grundschule 5/2010. S. 22 – 25.

Ulm, V.: Stochastik-Teil mathematischer Bildung. In: Grundschulmagazin 2012, Heft 2, S. 8 - 11.

Weigl, Karsten: Kombinatorik und Rechnen: Würfeln. In: Ulm, V.(Hrsg.): Gute Aufgaben Mathematik. Cornelsen Scriptor. Berlin 2011, S. 100-102